Ernst Probst

Die Lengyel-Kultur in Österreich

Eine Kultur der Jungsteinzeit
vor etwa 4.900 bis 4.400 v. Chr.

Widmung

Den Wiener Prähistorikern
Dr. Elisabeth Ruttkay (1926–2009, Foto links) und
Professor Dr. Johannes-Wolfgang Neugebauer (1949–2002, Foto rechts)
gewidmet, die mich bei meinen Büchern über die Steinzeit und Bronzezeit
unterstützt haben

Impressum
Die Lengyel-Kultur in Österreich
1. Auflage als Printbuch: Dezember 2020
Autor: Ernst Probst
Im See 11, 55246 Mainz-Kostheim
Telefon: 06134/21152
E-Mail: ernst.probst (at) gmx.de
Herstellung: Amazon Distribution GmbH, Leipzig
Alle Rechte vorbehalten
ISBN: 979-8-580-01610-8

Inhalt

Vorwort / Seite 5

Frühe Wallburgen und blutige Opfer / Seite 7

Anmerkungen / Seite 51

Literatur / Seite 53

Der Autor / Seite 63

Bücher von Ernst Probst / Seite 64

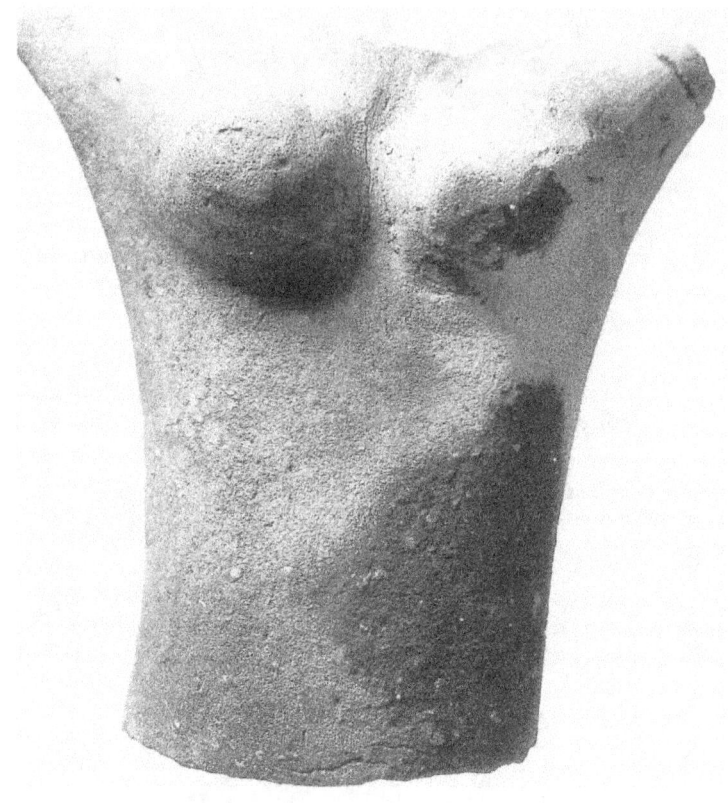

*Oberkörper einer weiblichen Tonfigur
von Stallegg in Niederösterreich.
Höhe 8,6 Zentimeter.
Original im Höbarthmuseum der Stadt Horn.
Foto: Höbarthmuseum der Stadt Horn*

Vorwort

Warum hat man einerseits leblose Tonfiguren, andererseits aber lebende Menschen und Hunde geopfert? Waren die mit Graben, Wall und Palisaden versehenen kreisförmigen Anlagen mit einem Durchmesser bis zu 150 Metern Befestigungen oder Kultplätze? Wen verkörperten die prächtigen Venusfiguren aus Langenzersdorf und bei Falkenstein? Solche und andere Fragen stellt man sich bei der Lektüre des E-Books „Die Lengyel-Kultur in Österreich". Jene Kultur der Jungsteinzeit war von etwa 4.900 bis 4.400 v. Chr. in Niederösterreich, im Burgenland, in Oberösterreich und in der Steiermark verbreitet. Die nach einem Friedhof in Ungarn bezeichneten Lengyel-Leute waren Ackerbauern und Viehzüchter, hatten ein hartes Leben und wurden selten älter als 35 Jahre.

*Wiener Prähistoriker Oswald Menghin (1888–1973).
Foto: Ludwig Schwab (um 1900–1939),
Österreichische Nationalbibliothek, Bildarchiv Austria
(via Wikimedia Commons),
Lizenz: gemeinfrei (Public domain)*

Frühe Wallburgen und blutige Opfer

Niederösterreich, das Burgenland, Oberösterreich und die Steiermark gehörten von etwa 4.900 bis 4.400 v. Chr. zum Verbreitungsgebiet der Lengyel-Kultur, das sich von Westungarn bis zur Südwestslowakei und Polen sowie von Niederösterreich bis nach Böhmen und Mähren erstreckte. Der in Niederösterreich vertretene Zweig der Lengyel-Kultur bildete mit demjenigen im benachbarten Südmähren eine gemeinsame mährisch-ostösterreichische Gruppe – in der Fachliteratur als MOG abgekürzt.

Den Begriff Lengyel-Kultur hat Anfang der 1920er Jahre der Wiener Prähistoriker Oswald Menghin (1888–1973) eingeführt. Der Name erinnert an den westungarischen Fundort Lengyel im Komitat Tolna, wo von 1882 bis 1888 ein Friedhof mit 90 Gräbern dieser Kultur freigelegt worden ist. Entdecker der namengebenden Fundstelle war der Pfarrer und Archäologe Maurus Wosinsky (1854–1907) aus Szekszard.

Statt von Lengyel-Kultur sprechen heute viele Prähistoriker vom Lengyel-Komplex, weil gegen Ende dieser Kultur eine immer stärkere Regionalisierung und großräumigere Verbreitung eintrat und von diesem Zeitpunkt an von einer einheitlichen Kultur nicht mehr die Rede sein kann. Die älteren Abschnitte der Lengyel-Kultur werden wegen der nach dem Brand bemalten Tongefäße im deutschsprachigen Raum als Bemaltkeramische Kultur oder Bemaltkeramik bezeichnet.

Die Lengyel-Kultur fiel in die erste Hälfte des Atlantikums. Zwischen etwa 4.600 und 4.450 v. Chr. gab es einen Klimarückschlag mit niedrigeren Temperaturen, der Frosnitz-

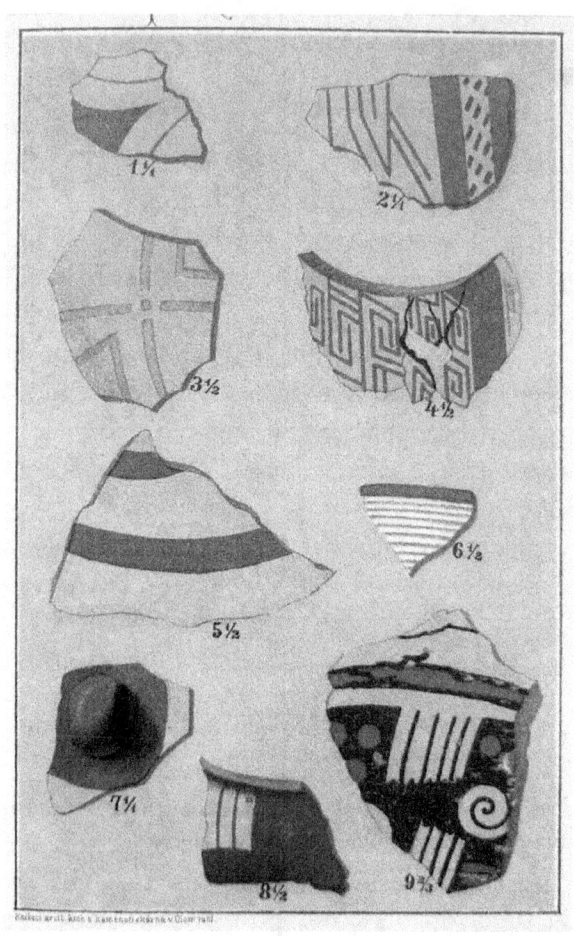

Bemaltkeramik aus Znojmo-Novosady (Tschechien).
Bild aus Jaroslav Palliardi: Die neolithischen Ansiedelungen
mit bemalter Keramik in Mähren und in Niederösterreich.
Mittheilungen der Praehistorischen Kommission
der kaiserlichen Akademie der Wissenschaften in Wien,
I Band, Nro. 4, 237–264, 1897.

Kälteschwankung[1] genannt wird. In diesem Abschnitt wurde das Wachstum der Bäume in höheren Lagen gehemmt. In den klimatisch milden Phasen des Atlantikums breiteten sich weithin Eichenmischwälder aus, in denen unter anderem Braunbären, Auerochsen, Elche, Rothirsche, Rehe, Hasen und Wildschweine vorkamen.

Die Lengyel-Leute hatten zumeist einen grazilen Körperbau und oft nur eine geringe Körpergröße. Der im Doppelgrab von Friebritz in Niederösterreich bestattete 20 bis 30 Jahre alte Mann war allerdings 1,70 Meter groß. Die an seiner Seite liegende etwa 18 bis 25 Jahre alte Frau erreichte eine Körperhöhe von 1,60 Meter. Ein 25 bis 30 Jahre alter Mann auf der Antonshöhe von Mauer bei Wien maß mindestens 1,65 Meter, eine etwa gleichaltrige Frau vom gleichen Fundort mindestens 1,50 Meter.

Vom Erscheinungsbild der Lengyel-Leute wich eine männliche Bestattung aus Eggenburg in Niederösterreich ab, die 1932 von der Leiterin des örtlichen Krahuletz-Museums, Angela Stifft-Gottlieb (1881–1949), ausgegraben wurde. Der Schädel dieses mindestens 35 Jahre alten Mannes wies charakteristische Merkmale der erst viel später in Österreich einwandernden Glockenbecher-Leute (etwa 2.500 bis 2.200 v. Chr.) auf, für die ein auffällig steiles Hinterhaupt typisch war.

Wie allgemein in der Jungsteinzeit war auch in der Lengyel-Kultur die Lebenserwartung der Menschen niedrig. So wurde keiner der auf der Antonshöhe[2] von Mauer bei Wien bestatteten zwei Männer und drei Frauen (und zwei Kinder) älter als 35 Jahre.

Bei allen Erwachsenen von der Antonshöhe waren die Zähne stark abgekaut. Jede der Frauen hatte Zahnstein, eine davon zudem eine beginnende Paradontose und Karies an mehreren Zähnen. Eine der Frauen hatte sich zu Lebzeiten den rechten

Oberarmknochen und die rechte Speiche des Unterarmes gebrochen. Beide Frakturen sind ohne erkennbare Maßnahmen verheilt.

Bei einer erwachsenen Frau aus Wetzleinsdorf in Niederösterreich waren die Zähne ebenfalls stark abgekaut. Anzeichen von Parodontose oder Karies fand man dagegen nicht. Außerdem war der letzte Lendenwirbel mit dem Kreuzbein verwachsen. Eine junge Frau vom Bisamberg bei Wien hat einen Schädelbruch heil überstanden. Später wurde ihr der Schädel mit einem im Querschnitt dreieckigen Gerät (vermutlich einem Steinbeil) eingeschlagen und somit ihr gewaltsamer Tod herbeigeführt. Dieses Schicksal lässt sich an dem spitzdreieckigen Ausbruch an der linken Seite des Schädeldaches ablesen. Der todbringende Hieb dürfte ziemlich senkrecht ausgeführt worden sein.

Ein zehn- bis elfjähriges Mädchen von Kamegg bei Gars am Kamp (Niederösterreich) hatte einen krankhaft vergrößerten Schädel (Wasserkopf). Es wurde in einer aufgelassenen Vorratsgrube inmitten von Abfällen pietätlos niedergelegt.

Die damalige Bevölkerung wohnte in Einzelgehöften, in unbefestigten Dörfern, aber auch in mit Graben, Wall und Palisaden geschützten Siedlungen, die manchmal auf Anhöhen errichtet wurden. Vielleicht hatten diese Siedlungen bis zu 100 und mehr Einwohner. Die größten Häuser waren fast 30 Meter lang, mehrere Meter breit und im Innern durch Trennwände geteilt.

Unter den Befestigungen der Lengyel-Kultur ist die kleinere und jüngere von zwei derartigen Anlagen zwischen Poysdorf und Falkenstein in Niederösterreich am längsten bekannt. Sie hat einen Durchmesser von mindestens 120 Metern. Der versteckt in dichten Wäldern liegende Fundort wurde im Volksmund als Schanzboden bezeichnet.

In den 1920er Jahren nahmen der Friseurmeister Karl Heinrich (1895–1965) und der Lehrer Franz Thiel (1896–1972) aus Poysdorf auf dem Schanzboden Ausgrabungen vor. Dabei konnten sie einige Keramikreste bergen, die von den Wiener Prähistorikern Herbert Mitscha-Märheim (1900–1976) und Eduard Beninger (1897–1963) als jungsteinzeitlich eingestuft wurden. Sie nahmen auch für den Ringwall ein jungsteinzeitliches Alter an. Ihre zutreffende Auffassung setzte sich aber nicht durch, weil der renommierte Wiener Prähistoriker Oswald Menghin 1931 behauptete, in der Jungsteinzeit habe es in Mitteleuropa keine Befestigungen gegeben. Von März bis August 1938 war Menghin Unterrichtsminister im nationalsozialistischen Kabinett von Arthur Seyß-Inquart (1892–1946). 1948 flüchtete er nach Argentinien, wo er als Universitätsprofessor wirkte.

1973 spürte der Geschäftsmann Fritz Parisch aus Poysdorf im dichten Unterholz den kleinen Ringwall erneut auf und untersuchte systematisch die Oberfläche in dessen Bereich. Seine Mühe wurde bald belohnt. Er entdeckte neben einigen buntbemalten Keramikresten und Steingeräten das Seitenteil eines tönernen Thrones, der einst für eine mindestens 30 Zentimeter hohe Tonfigur als Sitzgelegenheit diente. Diese Funde wurden dem Wiener Prähistoriker Johannes-Wolfgang Neugebauer zur Begutachtung vorgelegt, der rasch erkannte, dass es sich hier bei um Hinterlassenschaften der Lengyel-Kultur handelte. Damit war bewiesen, dass der Schanzboden in der Jungsteinzeit besiedelt gewesen ist, aber weiterhin ungeklärt, zu welcher Zeit der Ringwall aufgeschüttet wurde, dessen Entstehungszeit erst 1975 ermittelt werden konnte. Damals schlug man unter Leitung von Neugebauer und unter Mithilfe von vielen Freiwilligen aus umliegenden Orten eine Schneise in das Unterholz und legte von der Mitte der

Wiener Prähistoriker Johannes-Wolfgang Neugebauer (1949–2002).
Foto: Prof. Dr. Johannes-Wolfgang Neugebauer, Klosterneuburg

Innenfläche der Anlage durch den Graben und den davorliegenden Wall einen 60 Meter langen Suchschnitt an. Darin barg man ausschließlich Funde aus der Lengyel-Kultur, weshalb auch der Ringwall dieser Kultur zugeordnet wurde.

Dieses Ergebnis ermutigte zu einem mehrjährigen Forschungsprojekt, bei dem die Befestigung sorgfältig untersucht werden sollte. Schon bei der ersten großen Grabungskampagne im Jahr 1976 glückte der Nachweis, dass auf dem Schanzboden außer der kleinen Wallburg noch eine viel größere und ältere bestanden hatte. Man stieß nämlich bei der Verlängerung des 1975 angelegten Suchschnittes auf einen viel mächtigeren Befestigungsgraben. Dieser stammte – nach den Fundumständen zu schließen – von einer ausgedehnteren befestigten Siedlung, die den gesamten Höhenrücken bedeckte und einen Durchmesser von etwa 400 Metern hatte. Sie wurde auf drei Seiten durch Steilabfälle und auf der vierten durch einen bis zu 2,50 Meter tiefen Hauptgraben sowie zwei vorgelagerte kleinere Gräben geschützt.

Vor den Gräben befand sich jeweils ein durch Aushubmaterial aus diesen aufgeschütteter Wall. Bei anderen Befestigungen aus der Jungsteinzeit war das genaue Gegenteil der Fall. Dort hatte man den Wall stets hinter dem Graben angelegt, wodurch zwischen den auf dem Wall verschanzten Verteidigern und den im Graben stehenden Angreifern ein beträchtlicher Höhenunterschied erreicht wurde. Weshalb man auf dem Schanzboden von diesem bewährten Prinzip abwich, weiß man nicht.

Die große Wallburg gilt als die älteste in Höhenlage errichtete Befestigung in Mitteleuropa. Sie hat vor mehr als 6.500 Jahren bestanden. In ihrem Inneren konnte man lediglich einen einzigen 5,50 x 3,50 Meter großen Pfostenbau nachweisen. Nach wenigen Generationen wurde diese imposante Anlage aus

*2013 errichtete Rekonstruktion eines Langhauses aus der Jungsteinzeit
im Freigelände MAMUZ Schloss Asparn.
Foto: MAMUZ/ Museumszentrum Betriebs GmbH
(Atelier Olschinsky) / CC BY-SA 4.0
(via Wikimedia Commons),
lizensiert unter Creative-Commons-Lizenz by-sa-4.0-en,
https://creativecommons.org/licenses/by-sa/4.0/legalcode*

unbekannten Gründen dem Erdboden gleichgemacht. Danach errichtete man am äußersten Ende des Schanzbodens den heute noch erkennbaren kleineren ovalen Ringwall mit einem Durchmesser von 165 x 120 Metern. Der wiederum aus dem Aushubmaterial des Grabens aufgeschüttete Wall dürfte einst wohl drei Meter hoch gewesen sein, heute erreicht er etwa die Hälfte. Der Graben dahinter war 5,50 Meter breit und reichte anderthalb Meter tief in den Boden. Im Inneren der kleinen Wallburg konnte man keine Siedlungsspuren nachweisen. Vielleicht hatte diese nur die Funktion einer Fluchtburg in Notzeiten.
Eines der größten Häuser der Lengyel-Kultur hatte man innerhalb eines Grabens der befestigten Siedlung Wetzleinsdorf bei Korneuburg erbaut.[3] Sein Grundriss war 27 Meter lang und 5 Meter breit. Südöstlich davon schloss sich ein rechteckiger Hof mit einer Fläche von etwa 130 Quadratmetern an. Mährische und slowakische Prähistoriker betrachten derart große Gebäude ohne Unterteilung in verschiedene Räume als Versammlungshaus.
In Steinabrunn[4] (Niederösterreich) stieß man beim Pflügen auf vier Wohngruben mit ovalem Grundriss, in denen man Keramikreste fand. Eine weitere elliptische Siedlungsgrube kam in Antau[5] am linken Ufer der Wulka im Burgenland zum Vorschein. Sie war 5 x 3 Meter groß und einen Meter tief.
Wie die Häuser der Lengyel-Kultur konstruiert gewesen sind, demonstriert das vollständig erhaltene Tonmodell eines Gebäudes aus Strelice in Tschechien. Demnach lag der Eingang an einer der beiden Schmalseiten. Sowohl der Fußboden als auch die Wände waren mit Lehm verschmiert. Der Fußbodenestrich wurde mit weißer Farbe gestrichen, vielleicht waren auch die Wände bemalt. Teile von Hausmodellen fand man auch auf dem Schanzboden und in St. Pölten-Galgenleithen.

Von Wölfen angegriffener Auerochse.
Bild: Zeichnung von Heinrich Harder (1868–1935).

Bei ersterem war der Eingang an einer der beiden Längsseiten, von dem anderen barg man nur das Dach. Kleine Tonwürfel mit hohlem Innenraum dienten vermutlich zur Beleuchtung. Diese Lampen dürften mit Öl gefüllt gewesen sein.
Dass auch Höhlen vereinzelt zur Zeit der Lengyel-Kultur aufgesucht wurden, belegen Funde von Keramikresten dieser Kultur in der Königshöhle bei Baden sowie in der Merkensteiner Höhle von Gainfarn in Niederösterreich. Vermutlich waren die Aufenthalte in diesen natürlichen Unterschlüpfen nur von kurzer Dauer.
Wie die Linienbandkeramiker (etwa 5.500–4.900 v. Chr.) bauten auch die Menschen der Lengyel-Kultur Getreide an. So kennt man aus Eggendorf am Walde in Niederösterreich Reste von Emmer und Einkorn und aus Vösendorf in Niederösterreich Reste von Zwergweizen und Roggen. Die reifen Ähren schnitt man mit Feuersteinklingen ab. Sie wurden vermutlich mit Steinen oder Knüppeln gedroschen. Die Körner hat man auf Steinplatten mit kleineren Steinen gemahlen.
Die Bewohner der befestigten Siedlungen auf dem Schanzboden hielten Rinder, Schafe, Ziegen, Schweine und Hunde als Haustiere. Die dort geborgenen und von dem Wiener Archäozoologen Erich Pucher untersuchten Knochenreste von Wild- und Hausrindern deuten darauf hin, dass immer wieder Auerochsen eingefangen, die Bullen erlegt, aber Kühe mit Kälbern gezähmt und gehalten wurden. Diese Tiere wurden vermutlich in eine bereits bestehende Gruppe von Hausrindern eingegliedert, die nur wenig früher dasselbe Schicksal wie die Neuzukömmlinge erlitten hatte. Solche Neuzukömmlinge und die Jungtiere der ersten Gefangenschaftsgeneration unterschieden sich bereits in der Größe voneinander, da letztere unter den verschlechterten Lebensbedingungen der jungsteinzeitlichen Tierhaltung kümmerten.

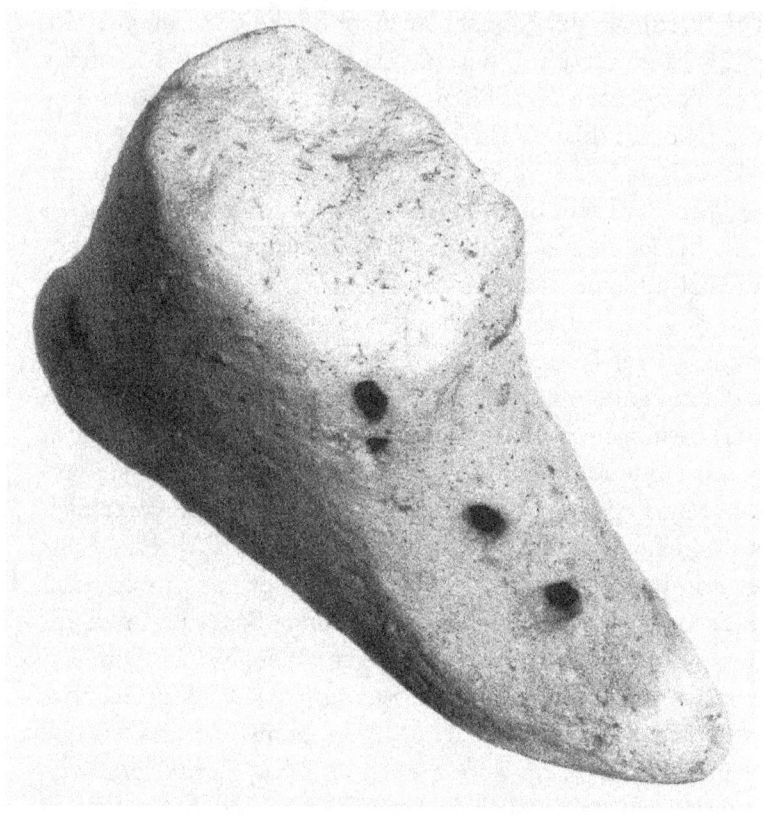

*Tönerner Schnürschuh von Grafenberg-Vitusberg in Niederösterreich.
Dabei handelt es sich um den Rest einer menschlichen Tonfigur.
Länge der Sohle 4,4 Zentimeter, Breite beim Knöchel 1,8 Zentimeter,
Höhe 2,8 Zentimeter.
Original in der Prähistorica-Sammlung Engelshofen
auf der Rosenburg.
Foto: Dr. Michael Salvator, Hoyos'sche Forstverwaltung, Horn*

Die Widerristhöhe der Kühe auf dem Schanzboden lag unter derjenigen von wildlebenden Rindern, die etwa 1,50 Meter erreichten. Die Hausschweine in der gleichen Siedlung waren kleiner und schlanker als ihre heutigen Artgenossen. Sie wirkten noch sehr wildschweinähnlich. Die Hundereste vom Schanzboden gelten als die ältesten Nachweise des Haushundes in Österreich. In anderen Ländern hatte man gezähmte Wölfe schon in der ausklingenden Altsteinzeit nachgewiesen.
Auf Tauschgeschäfte und Fernverbindungen weisen feine Klingen aus Obsidian sowie Schmuck aus *Spondylus*-Muscheln hin. Der vulkanische glasartige Obsidian stammte aus der Slowakei oder aus Ungarn. Nach den bisherigen Funden zu schließen, wurde dieses Gestein nur in den älteren Phasen der Lengyel-Kultur bezogen. Aus Obsidian zugeschlagene Werkzeuge hat man beispielsweise auf dem Schanzboden entdeckl. *Spondylus*-Muscheln importierte man aus dem Mittelmeergebiet oder vom Schwarzen Meer.
In der warmen Jahreszeit lebte man vielleicht „oben ohne", worauf eine bemalte tönerne Frauenfigur vom Schanzboden hinweist. Sie war nur mit einem Schurz bekleidet. Zu diesem gehörte ein roter, um die Hüfte geschlungener Gürtel, der bis über den Schurz herabhing. Ein Rock ist auf einem Tonfigurenfragment aus Obritzberg in Niederösterreich erkennbar. Aus Grafenberg in Niederösterreich kennt man einen von einer Tonfigur stammenden Schnürschuh.
Vor allem die Frauen erfreuten sich häufig an Schmuck aus der *Spondylus*-Muschel, aber auch aus der heimischen Flussmuschel, an Kalkstein- und Tonperlen sowie an Kupferschmuck. Die erwähnte Frauenfigur vom Schanzboden trug an der höchsten Stelle des Kopfes ein rotes Schmuckstück und einen roten doppelspiraligen Anhänger auf der Brust, der eventuell auf die Verwendung von Kupferschmuck hinweist.

*Tönerne Frauenfigur von Unterpullendorf im Burgenland.
Oberer Teil 4,5 Zentimeter, mittlerer Teil 6,5 Zentimeter,
untere Teile 5,7 Zentimeter lang.
Foto: Dr. Karl Kaus, Burgenländisches Landesmuseum Eisenstadt*

Doch auch Männer schmückten sich gern mit Muscheln. Bei Flussmuscheln rieb man häufig den Boden ab, wodurch ein ovaler Reifen entstand, der sich als Anhänger oder Kleiderbesatz eignete. Zu den Kupferschmuckstücken gehörten Spiralröllchen, brillenförmige Anhänger und schmale Armreifen. Solche Kostbarkeiten konnte sich vermutlich nicht jeder leisten.

Die Menschen der Lengyel-Kultur haben aus Ton zahlreiche kleine Tier- und Menschenfiguren geschaffen und teilweise sogar bemalt. Bei den Tierdarstellungen handelte es sich manchmal um Hunde oder Rinder. Vielfach hat man diese Figuren jedoch so schematisch gestaltet, dass sich die Tierart nicht identifizieren lässt. Meist standen die Tierfiguren auf Deckeln von Tongefäßen. Solche Funde kennt man aus Eggendorf am Walde, Frauenhofen, Gauderndorf, Großburgstall und Grübern in Niederösterreich. Die Tierfiguren von Gauderndorf und Großburgstall waren mit Rötel bemalt. Eine freistehende Tierfigur wurde in Kleinmeiseldorf (Niederösterreich) gefunden. Sie wird wegen der betonten Darstellung des Geschlechtes als Stier betrachtet.

Die Menschenfiguren der Lengyel-Kultur tragen zumeist weibliche Züge. Der Kopf und das Gesicht wirken häufig unbeholfen. Die Brüste wurden durch zwei kleine spitze Hügel angedeutet. Von den Armen sind oft nur Stummel erhalten. Besonders betont wurden die Hüften und die Oberschenkel. Manchmal hat man durch Grübchen oder Ritzlinien die Haarfrisur angedeutet. Das konnte man an Funden aus Eggenburg, Eggendorf am Walde, Stockern (alle in Niederösterreich) und Unterpullendorf (Burgenland) beobachten. Der Oberkörper wurde zuweilen rot oder gelb bemalt. Bei einer Frauenfigur aus Großburgstall in Niederösterreich wurde das Schamdreieck weiß gestaltet.

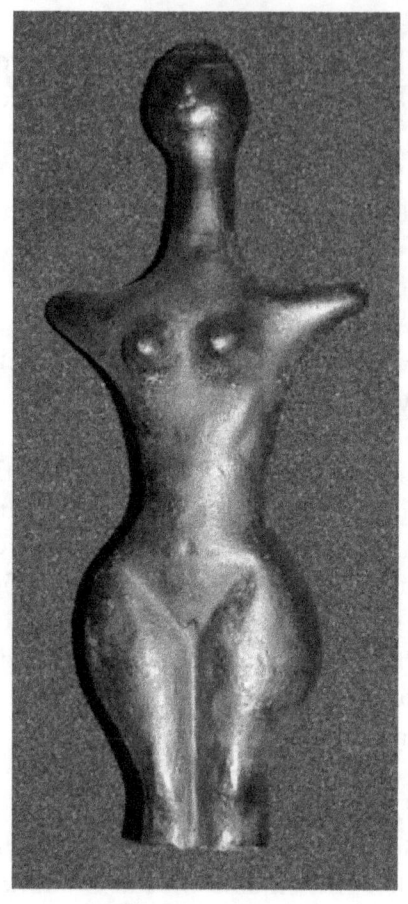

*Kopie der tönernen Frauenfigur „Venus von Langenzersdorf".
Höhe 18 Zentimeter.
Original in Privatbesitz.
Foto: Warinhan / CC BY-SA 4.0
(via Wikimedia Commons),
lizensiert unter Creative-Commons-Lizenz by-sa-4.0-en,
https://creativecommons.org/licenses/by-sa/4.0/legalcode*

Zu den am besten erhaltenen weiblichen Tonfiguren der Lengyel-Kultur gehört eine 1955/56 am Südhang des Bisambergs im Ortsteil Burleiten von Langenzersdorf bei Wien entdeckte Statue. Die bei Ausgrabungen unter Leitung der Wiener Prähistorikerin Hertha Ladenbauer-Orel geborgene Plastik war in vier Teile zerbrochen, aus denen sich eine 18 Zentimeter hohe stehende Frauenfigur zusammenfügen ließ, der nur die Unterschenkel und die Füße fehlten.
Auf das zuerst gefundene Bruchstück stieß man am 21. Dezember 1955 nahe einer Herdstelle. Dabei handelt es sich um den rechten Oberschenkel der Figur. Ausgrabungen und Dokumentation erfolgten unter Mithilfe des Museumsvereins Langenzersdorf. Die Ausgräberin Ladenbauer-Orel bezeichnete die Frauenstatuette als „Venus von Langenzersdorf". Teilweise ist bei Laien auch von der „Venus vom Bisamberg" die Rede. Der Originalfund befindet sich in Privatbesitz.
Die litauisch-amerikanische Prähistorikerin Marija Gimbutas (1921–1994) spekulierte, Venusfiguren wie jene von Langenzersdorf seien eine Vereinigung zwischen weiblichen und männlichen Symbolen. Der Hals-Kopfbereich erinnere an einen Phallus, der Körper abwärts des Halses sei weiblich. Auf diese Weise wären männliche Kraft und weibliche Fruchtbarkeit in einer Figur vereint. Andere Experten sprechen von gleichzeitiger Darstellung der Mütterlichkeit und Jungfräulichkeit oder von Ackerzauber. Auch Ähnlichkeiten mit einem Tieridol wurden ins Spiel gebracht.
1958 konnte man die „Venus von Langenzersdorf" bei der Weltausstellung in Brüssel im österreichischen Pavillion bewundern. Das Heimatmuseum Langenzersdorf präsentiert eine Kopie des Originalfundes. Seit 2000 gibt es einen Wein namens „Venus-Cuvée", der von sieben Winzern aus Langenzersdorf

*Litauisch-amerikanische Prähistorikerin
Marija Gimbutas (1921–1994).*
*Foto: Monica Boirar, Aufnahme im Frauenmuseum Wiesbaden
am 1. Januar 1993 (via Wikimedia Commons),
lizensiert unter Creative-Commons-Lizenz by-sa-3.0-en,
https://creativecommons.org/licenses/by-sa/3.0/legalcode*

*Berühmter Wein „Venus Cuvée" aus Langenzersdorf
bei Wien (Niederösterreich).
Das Etikett wurde von Martina Schettina entworfen.
Foto: Marinelli / CC BY-SA 3.0 (via Wikimedia Commons),
lizensiert unter Creative-Commons-Lizenz by-sa-3.0-en,
https://creativecommons.org/licenses/by-sa/3.0/legalcode*

*Tönerne Frauenfigur („Venus von Falkenstein")
vom Schanzboden bei Falkenstein in Niederösterreich.
Foto: Wolfgang Sauber / CC BY-SA 4.0
(via Wikimedia Commons).*
**lizensiert unter Creative-Commons-Lizenz by-sa-4.0-de,
https://creativecommons.org/licenses/by-sa/4.0/legalcode**

erzeugt wird. Auf den Flaschen prangt ein Etikett mit der stilisierten Venus.
Der Prachtfund aus Langenzersdorf wird an Schönheit noch von der Frauenfigur aus der Wallburg vom Schanzboden übertroffen. Diese „Venus von Falkenstein" ist vom Kopf bis zu den Füßen weitgehend erhalten. Sie besitzt einen stilisierten Kopf, einen langen Hals, einen schlanken Körper, kleine Brüste, seitlich weggestreckte Armstümpfe, dicke Hüften, kräftige Oberschenkel und große Füße. Diese Frauenfigur trägt einen mit schwarzer Farbe angedeuteten Schurz oder einen kurzen Rock mit rotem Gürtel. Die langen, schwarz aufgemalten Locken fallen weit über die Schultern. Auf dem Kopf und auf der Brust sind – wie erwähnt – Schmuckstücke zu erkennen . Die unbekleidete Haut wird durch gelbe Farbe gekennzeichnet.
Dass es neben den überwiegend stehenden Frauenfiguren auch sitzende gegeben hat, belegen ein Torso aus Wetzleinsdorf und Bruchstücke eines Thrones vom Schanzboden sowie aus Eggendorf am Walde, alle in Niederösterreich gelegen. Sitzmöbel für Tonfiguren hatte es schon zu Zeiten der Linienbandkeramischen Kultur gegeben.
Eine 5,2 Zentimeter hohe Frauenfigur mit Vogelgesicht kam 1933 bei Straßenbauarbeiten am Höpfenbühel bei Melk in Niederösterreich zum Vorschein. Ähnlichkeit mit dem Fund vom Höpfenbühel besitzt ein 8,8 Zentimeter hohes Vogel-Mensch-Mischwesen von Kostelec na Hané in Mähren (Tschechien). Beide Plastiken sind säulenförmig, stehen, haben einen runden Kopf, ein durch Fingerzwick modelliertes Gesicht, eingestochene Augen, waagrechte Armstümpfe und durch kleine Knubben angedeutete Brüste. Im Halsbereich der Figur vom Höpfenbühel befindet sich eine V-förmige Doppellinie, die zwischen den Brüsten endet. Bei der Figur aus Kostelec sind

*Unterteil einer männlichen Tonfigur mit Geschlechtsorganen
aus Etzmannsdorf bei Straning in Niederösterreich.
Höhe 3,8 Zentimeter.
Original im Höbarthmuseum deer Stadt Horn.
Foto: Höbarthmuseum der Stadt Horn*

*Kopf einer vermutlich männlichen Tonfigur
vom Schanzboden zwischen Poysdorf und Falkenstein
in Niederösterreich.
Höhe 2,8 Zentimeter.
Foto: Bundesdenkmalamt Wien,
Abteilung für Bodendenkmale*

*Bemaltes Tongefäß der Lengyel-Kultur
aus Ölkam (St. Florian) in Oberösterreich.
Original im Schlossmuseum in Linz.
Foto: Wolfgang Sauber / CC BY-SA 3.0
(via Wikimedia Commons),
lizensiert unter Creative-Commons-Lizenz by-sa-3.0-de,
https://creativecommons.org/licenses/by-sa/3.0/legalcode*

die Frisur, der Nabel und das Gesäß in Zapfenform zu erkennen.
Männliche Menschenfiguren sind bisher sehr selten entdeckt worden. Eine solche Rarität ist eine bruchstückhaft überlieferte Figur mit Penis aus Etzmannsdorf bei Straning in Niederösterreich. Bei ihr fehlen der Kopf, der Hals, Teile des Oberkörpers, die Arme und die Füße. Das Gesäß ist auffällig ausladend dargestellt. Als männlich gelten besonders eindrucksvoll gestaltete Tonköpfe vom Schanzboden und aus Maiersch in Niederösterreich. Es hat den Anschein, als sei bei dem Kopf aus Maiersch der Mund wie zu einem Schrei geöffnet.
Als Kunstwerke werden von manchen Autoren auch vier bis zehn Zentimeter lange Tonröhrchen mit und ohne Mittelrille bezeichnet, wie sie unter anderem in Altenburg, Fuglau, Kamegg und Etzmannsdorf bei Straning in Niederösterreich sowie in Mähren zum Vorschein kamen. Derartige Tonröhrchen wurden 1934 von dem Wiener Ingenieur und Heimatforscher Franz Kießling (1859–1940) als Phallus-darstellungen gedeutet, von anderen Prähistorikern jedoch für Spinnwirtel oder Tonperlen gehalten.
Die auffällig vielen Kunstwerke der Lengyel-Kultur aus Österreich, die man unmöglich lückenlos aufzählen kann, dokumentieren das hohe Niveau dieser Kultur.
Die grobe Hauskeramik der Lengyel-Kultur wurde vermutlich in jedem Haushalt selbst hergestellt. Dagegen ist die Feinkeramik in der älteren Phase so kunstvoll gestaltet und bemalt, dass man diese Tätigkeiten besonderen Spezialisten zuschreibt.
Als wichtigste Keramikformen der mährisch-ostösterreichischen Gruppe dieser Kultur gelten der Becher, der Topf, die Fußschüssel mit auffällig langem Fuß, die profilierte Schüssel, die Butte und der schöpflöffelartige Tüllenlöffel. Diese Gefäße

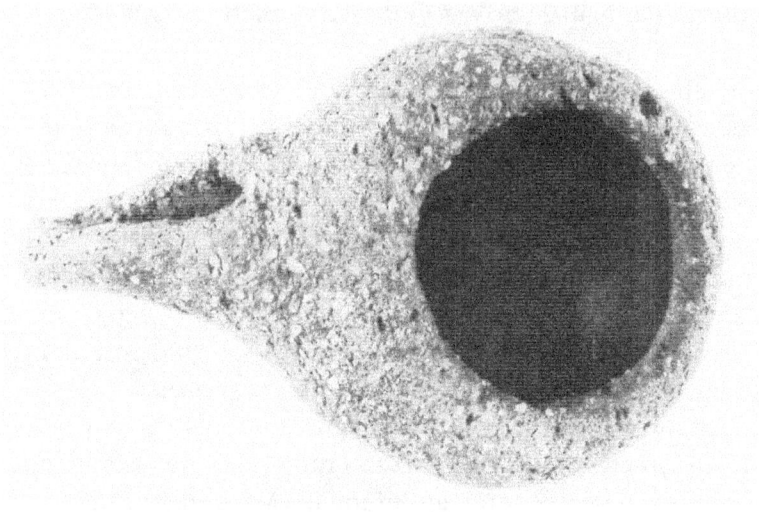

Tönernes Sauggefäß aus Untermixnitz in Niederösterreich.
Länge 9 Zentimeter, Höhe 5,2 Zentimeter.
Original im Archiv für die Waldviertler Urgeschichtsforschung, Horn.
Foto: Hermann Maurer,
Archiv für die Waldviertler Urgeschichtsforschung, Horn
(Wolfgang und Widmar Andraschek, Horn)

hat man besonders in der sogenannten Frühstufe der Lengyel-Kultur vor dem Brand im Töpferofen mit eingeritzten Mustern verziert und nach dem Brand bemalt. Unter den Verzierungsmustern gab es Streifen, Zickzack-Bänder und Mäander.
Die Prähistoriker teilen die Keramik der Lengyel-Kultur in drei Phasen ein. Davon ist die polychrome – also die vielfarbige – Phase die älteste. In diesem Abschnitt verwendete man vor allem die Farben Rot und Gelb, daneben Weiß, Schwarz und Rosa. Für die Einstufung in diese Phase genügt bereits das Vorhandensein der gelben Farbe, die im nächsten Abschnitt nicht mehr vorkommt.
Die polychrome Phase wird in eine Anfangsstufe mit Keramik vom Typus Wölbling[6] und in eine Frühstufe mit Keramik vorn Typus Langenzersdorf-Wetzleinsdorf, gegliedert.
Dann folgte die bichrome – also die zweifarbige – Phase mit roter Grundierung und weißer Bemalung. Sie wird als Mittelstufe oder Keramik vom Typus Oberbergern[8] bezeichnet. Den Abschluss bildete die unbemalte Phase (Spätstufe oder Keramik vom Typus Wolfsbach[9], in der die Bemalung der Tongefäße aufgegeben wurde.
Keramik der polychromen Phase wurde beispielsweise in zwei tiefen Lehmentnahmegruben der erwähnten älteren Wallburg vom Schanzboden entdeckt. Die Reste der Tongefäße von dort waren rot, gelb, weiß und schwarz bemalt. Die Becher und Schüsseln darunter hatten eine auffällig geringe Wandstärke von nur einem Millimeter bis maximal drei Millimetern. Sie wurden bei hohen Temperaturen gebrannt, wodurch ihre Wände oft klingend hart geraten sind.
Generell war die feine Keramik der Lengyel-Kultur in der Anfangszeit dünn und grau, gegen Ende zwar auch noch dünn, aber nun dunkel und geglättet. Der technische Fortschritt im Töpferwesen lässt sich am besten an der groben Hauskeramik

*Jungsteinzeitliches Hornsteinbergwerk
Antonshöhe in Wien-Mauer.
Foto: Funke / CC BY-SA 3.0 (via Wikimedia Commons),
lizensiert unter Creative-Commons-Lizenz by-sa-3.0-de,
https://creativecommons.org/licenses/by-sa/3.0/legalcode*

ablesen. Diese war in der Anfangszeit noch sehr dickwandig, doch schon in der Mittelstufe wurde die Wandstärke deutlich dünner gestaltet.

Aus Tongefäßen haben schon die Kleinkinder der Lengyel-Leute getrunken. Darauf lässt ein 9 Zentimeter langes und 5,2 Zentimeter breites Sauggefäß schließen, das von einem Landwirt aus Untermixnitz in Niederösterreich zusammen mit anderen Objekten beim Pflügen ans Tageslicht geholt wurde.[10] Es ist der erste Nachweis eines Sauggefäßes aus der Jungsteinzeit in Österreich.

Zur Zeit der Lengyel-Kultur war der Bedarf an Feuerstein für die Werkzeugherstellung bereits so groß, dass dieser Rohstoff im Bergbau gewonnen wurde. Dort beutete man die bänderartigen Feuersteinschichten vermutlich mit Hacken, Keilen und Hämmern aus Hirschgeweih sowie Klopfsteinen, Beilen und Äxten aus Felsgestein aus. Zwei solcher Feuersteinbergwerke wurden von Lengyel-Leuten auf der Antonshöhe in Mauer (XXIII. Wiener Bezirk) und auf dem Flohberg (XIII. Wiener Bezirk) betrieben.

Auf der Antonshöhe haben die Bergleute die bis zur Erdoberfläche reichenden Feuersteinschichten bis tief in den Berg hinein verfolgt. Zunächst genügte es, die auf den Feuersteinknollen liegende Deckschicht aus Erde und Gestein zu entfernen und den Feuerstein im Tagebau herauszustemmen. Bald jedoch ging man dazu über, den Feuerstein im Untertagebau zu gewinnen. Von diesen Bemühungen zeugen vier bis zwölf Meter tiefe Gruben, die anfangs noch bis zu drei Meter, am Ende aber nur einen Meter breit sind. Der unterirdisch abgebaute Feuerstein ließ sich wegen seines höheren Feuchtigkeitsgehaltes besser verarbeiten als das an der Erdoberfläche zu findende Material. Die Lengyel-Leute haben vermutlich regelrechte Expeditionen unternommen, um den

Feuerstein abzubauen. Manchmal dürfte es beim Untertagebau zu Unfällen gekommen sein, wenn in den Gruben die Decke herabstürzte. Auf der Antonshöhe wurden in stillgelegten, mit Feuersteintrümmern gefüllten Gruben insgesamt sieben Menschen bestattet, von denen man nicht weiß, wie sie ums Leben gekommen sind. Dabei handelte es sich um die bereits erwähnten zwei Männer, drei Frauen und zwei Kinder. Nach der Beerdigung dieser Menschen häufte man über ihren Gräbern im Laufe der Zeit eine zwei Meter mächtige Abraumschicht auf, die beweist, dass man den Abbau fortgesetzt hat.

Aus dem Feuerstein hat man am Abbauort oder später in der Siedlung verschiedene Werkzeuge (beispielsweise Klingen) oder Waffenteile (Pfeilspitzen) zurechtgeschlagen. Außerdem schliff man aus Felsgestein Klingen von Flachbeilen, die man mit einem Holzschaft versah. Aus Knochen wurden Pfrieme und Glätter geschaffen. Hinzu kamen aus Hirschgeweih angefertigte Hacken und Hämmer.

Als Fernwaffe für die Jagd oder für den Kampf standen den Lengyel-Leuten Pfeil und Bogen zur Verfügung. Die hölzernen Pfeilschäfte wurden mit aus Feuerstein geschlagenen Spitzen bewehrt.

Die Lengyel-Leute bestatteten ihre Toten meist unverbrannt mit zum Körper hin angezogenen Beinen, selten in gestreckter Lage. Aber sie praktizierten auch die Brandbestattung, wobei man den Leichenbrand auf den Boden schüttelte oder in einer tönernen Urne aufbewahrte.

In Österreich wurden bisher keine so großen Ansammlungen von Gräbern wie in Ungarn (Aszód und Zengővárkony) entdeckt. Allein in Aszód[11] konnte man insgesamt 188 Bestattungen aufdecken, von denen 178 Körperbestattungen in Hockerlage und nur zehn Brandbestattungen waren. Aus Zengő-

várkony[12] kennt man 368 Bestattungen, darunter 32 ohne Schädel. Letztere Art der Bestattung zeugt von der Sonderbehandlung des Kopfes.
Die meisten Bestattungen der mährisch-ostösterreichischen Gruppe hat man im Bereich der doppelten Kreisgrabenanlage von Friebritz bei Fallbach in Niederösterreich vorgefunden. Dort entdeckte man zehn Bestattungen und eine Sonderbestattung von zwei Personen in einer Grube. Als der nächstgrößere Friedhof gilt das bereits erwähnte kleine Gräberfeld auf der Antonshöhe von Mauer mit sieben Bestattungen, auf das man im August 1924 nach einer Sprengung aufrnerksam geworden war. Fünf Bestattungen kennt man von Kleinhadersdorf[13], je zwei von Eggenburg[14], Langenzersdorf[15] und Mödling[16] (alle in Niederösterreich) sowie über dem rechten Ufer der Traun bei Ebelsberg[17] (Oberösterreich). Auch Einzelgräber sind bekannt. Den Verstorbenen legte man meist Tongefäße, Geräte aus Feuerstein, Felsgestein und Knochen, Mahlsteine sowie Schmuck mit ins Grab. Diese Ausstattung beweist, dass auch die Lengyel-Leute an ein Weiterleben nach dem Tode glaubten, sonst hätte man die Toten auf der Antonshöhe von Mauer wohl kaum mit Tongeschirr und Tierfleisch versorgt.
Neben einfachen Bestattungen von auf natürliche Weise gestorbenen Menschen entdeckte man auch ganze Skelette, Teile derselben oder Schädel von Personen, die gewaltsam ums Leben gekommen waren und deren Fundumstände auf Menschenopfer oder auf rituell motivierten Kannibalismus hindeuten. Sie spiegeln die komplizierten religiösen Vorstellungen der Lengyel-Leute wider.
In Langenlois[18] (Niederösterreich) stieß man auf fünf menschliche Schädel und stark zertrümmerte Skelettreste mehrerer Menschen sowie einen Hundeschädel zusammen mit Resten

von mehr als zehn rekonstruierbaren Tongefäßen. Hierbei handelte es sich vermutlich um die Überreste einer Kannibalenmahlzeit, bei der das Fleisch der Opfer verzehrt worden war. Eine ungewöhnliche Szenerie wurde auch in Poigen[19] bei Horn (Niederösterreich) angetroffen. Dort fand man in einer Grube die Schädel von fünf Menschen. Sie stammen von einem Mann, drei Frauen und einem weniger als sechs Jahre alten Kind. Die Schädel der Erwachsenen weisen allesamt Hiebverletzungen auf, die wahrscheinlich zum Tode geführt haben. Da bei ihnen jeweils der erste Halswirbel und in einem Fall auch der zweite vorhanden ist, sind die vom Hals abgetrennten Köpfe kurz danach in die Grube gelegt worden. Hätte man nämlich nur fleischlose Schädel deponiert, müssten die Wirbel gefehlt haben, da diese abfallen, sobald Fleisch und Sehnen verwest sind. Zusammen mit diesen Schädeln barg man Tonscherben, Tierknochenfragmente, Hüttenlehm, Schneckengehäuse und Asche.

Als Zeugnisse von Menschenopfern werden auch ein Skelett und weitere Skeletteile von drei bis vier Personen gedeutet, die im freigelegten Teil des Grabens um den Westteil der Siedlung Eggenburg[20] in Niederösterreich zum Vorschein kamen. Diese Funde wurden von manchen Prähistorikern als Bauopfer interpretiert, von denen sich die Erbauer einer Siedlung oder eines Hauses für die Bewohner Glück und Segen erhofften. Auch die aus dem üblichen Rahmen fallende Sonderbestattung von zwei Menschen in der erwähnten doppelten Kreisgrabenanlage von Friebritz[21] lässt sich am besten durch Menschenopfer oder eine Bestrafungsaktion erklären. Dort lagen in Bauchlage zuunterst ein Mann und darüber eine Frau. Im Rücken und im Rumpfbereich vorgefundene steinerne Pfeilspitzen legen den Schluss nahe, dass diese beiden Menschen durch Pfeilschüsse hingerichtet worden sind. Nach der Körperhaltung des Mannes

zu schließen, könnte man diesem die Arme vor der Brust gefesselt haben.
Ein ungewöhnliches Bild bot auch die Bestattung eines Mannes inmitten einer Siedlung auf dem Bisamberg[22] unweit von Wien. Neben seinem Skelett lag das Schädeldach einer Frau, das von manchen Autoren als Beigabe betrachtet wird. In diesem Sinne könnte man auch das Bruchstück eines Schädeldaches von einem Erwachsenen deuten, das über einer Kinderbestattung in Kamegg (Niederösterreich) lag und an einer Bruchstelle Schnittspuren aufwies. Das Kind hatte die Hände vor dem Gesicht.
Außer Menschen mussten bei Opferhandlungen mitunter Tiere ihr Leben lassen. Dies war offenbar in Bernhardsthal[23] (Niederösterreich) der Fall. Dort fand man innerhalb eines von sechs doppelfaustgroßen Steinen gebildeten Ovals ein fast vollständiges Hundeskelett. Der Hund scheint ein beliebtes Opfertier gewesen zu sein. Denn Reste von Hunden wurden auch in Gräbern von Zengóvárkony und im Grab von Dzbánice entdeckt, in dem zwölf Menschenschädel lagen.
Bei den Opferzeremonien der Lengyel-Leute spielten nicht zuletzt die tönernen Menschenfiguren eine wichtige Rolle. Die weiblichen unter ihnen wurden früher als Darstellungen der „Großen Mutter" gedeutet, einer Fruchtbarkeitsgöttin, die angeblich alles Leben hervorbrachte und schützte.
Im Laufe der Forschungsgeschichte haben die jungsteinzeitlichen Menschenfiguren unterschiedliche Deutungen erfahren. So sah der deutsche Prähistoriker Hermann Müller-Karpe (1925–2013) in ihnen Darstellungen von Ahnen oder des Herstellers selbst, wobei er davon ausging, dass die jungsteinzeitlichen Kulturen Europas sehr stark von den frühen Hochkulturen im Vorderen Orient beeinflusst worden sind. Der Mainzer Prähistoriker Olaf Höckmann vermutet, dass die

*Deutscher Prähistoriker Hermann Müller-Karpe (1925–2013).
Foto: Philipps-Universität Marburg,
Fachbereich Altertumswissenschaften,
Vorgeschichtliches Seminar*

tönernen Menschenfiguren als lebende Wesen betrachtet wurden. Als Hinweis darauf führt er unter anderem Lochungen von Tonfiguren an, die zu ihrer Fesselung an einen bestimmten Ort gedient haben sollen. Der Prähistoriker Dieter Kaufmann aus Halle/Saale hat nachgewiesen, dass derartige Tonfiguren als Ersatz für Menschenopfer angesehen wurden.

Kaufmanns Erkenntnisse werden durch manche Funde aus der Lengyel-Kultur in Österreich eindrucksvoll bestätigt. Abgesehen von der tönernen Frauenfigur vom Schanzboden hat man keine Menschendarstellung unversehrt vorgefunden. Vielleicht stand auch der offenbar festlich herausgeputzten Figur vom Schanzboden noch das Schicksal bevor, aus rituell motivierten Gründen verstümmelt und geopfert zu werden, wie man dies für die übrigen Funde annimmt.

Schauplatz eines tatsächlichen Menschenopfers und eines Ersatzopfers könnte beispielsweise die doppelte Grabenanlage von Kamegg in Niederösterreich gewesen sein. Dort wurden neben Keramikresten und Getreidekörnern zwei menschliche Knochen entdeckt, die von keiner Bestattung stammen und deshalb als Überreste einer Kannibalenmahlzeit gelten. Bei der in Nachbarschaft dieser Menschenknochen gefundenen Frauenfigur wurden der Kopf und der linke Arm abgeschnitten. Vielleicht handelt es sich bei der länglichen Kerbe auf dem Hinterkopf eines isoliert gefundenen Tonkopfes von Obermixnitz in Niederösterreich, die vor dem Brand angebracht wurde, um die Darstellung einer kultisch motivierten Hiebverletzung, denn für eine Schädeloperation ist diese Kerbe zu lang. Zudem hat man derartige Eingriffe im Verbreitungsgebiet der Lengyel-Kultur in Österreich nicht nachgewiesen.

Zu allerlei Spekulationen geben die kreisförmigen Grabenanlagen der Lengyel-Kultur Anlass, die aus einem Graben oder sogar aus zwei oder drei Gräben bestehen und in allen

*Kreisgrabenanlage Glaubendorf in Niederösterreich
mit drei Gräben und einem Durchmesser von 110 Metern.
Foto: Henry Kellner / CC BY-SA 4.0,
lizensiert unter Creative-Commons-Lizenz by-sa-4.0-en,
https://creativecommons.org/licenses/by-sa/4.0/legalcode*

Himmelsrichtungen einen Zugang besitzen. Derartige Kreisgrabenanlagen oder Rondelle wurden in Österreich, Tschechien und in Ungarn entdeckt und werden von den meisten Prähistorikern als Kultplätze gedeutet, da die Gräben mit einem Durchmesser bis zu 300 Metern als Einzäunungen für das Vieh viel zu aufwändig waren. Auch als Siedlungen kommen die Kreisgrabenanlagen kaum in Betracht, weil man bisher darin keine Siedlungsspuren gefunden hat.

Manche Prähistoriker interpretieren die Kreisgrabenanlagen als riesige Sonnensymbole. Andere halten sie für eine Art von Observatorium zur Beobachtung grundlegender Kalenderperioden, in denen bestimmte wichtige astronomische Ereignisse – wie die Sonnenwende oder der Mondzyklus – eine Rolle spielten. Es gibt aber auch Wissenschaftler, die in den Kreisgrabenanlagen einen Versammlungsort oder den Schauplatz eines Fruchtbarkeitskultes sehen.

Die kleinsten Kreisgrabenanlagen der Lengyel-Kultur in Niederösterreich hatten nur einen einzigen Graben. Dieser erreichte in Mühlbach am Manhartsberg und in Rosenburg einen Durchmesser von etwa 50 Metern.

Bei den von zwei Gräben umrundeten Kreisgrabenanlagen gab es beträchtliche Größenunterschiede. Zu den kleineren Anlagen dieser Art gehört die von Strögen[24] mit einem äußeren Graben von 55 Meter Durchmesser und einem inneren Graben von 35 Meter Durchmesser. Die doppelte Kreisgrabenanlage von Kamegg[25] hat einen äußeren Graben von 140 Meter Durchmesser und einen inneren Graben von 80 Meter Durchrnesser. Ebenso imposant ist das Rondell von Friebritz[26], dessen äußerer Graben mit einem Durchmesser von 140 Metern ist 2,50 bis 4 Meter breit und 1,60 bis 2,70 Meter tief. Der innere Graben besitzt einen Durchmesser von 115 Metern, ist 8 bis 12 Meter breit und 4 bis 5 Meter tief. Die Gräben wurden von etwa 4,50

*Kreisgrabenanlage von Friebitz in Niederösterreich.
Der größte Durchmesser des äußeren Grabens
beträgt 140 Meter, der des inneren Grabens 115 Meter.
Die Gräben sind bis zu 12 Meter breit (innerer Graben)
und maximal 5 Meter tief.
Foto: Österreichisches Bundesheer,
freigegeben mit H.Z/L/5/80*

Meter breiten Erdbrücken unterbrochen, über die man zum Inneren der Anlagen gelangen konnte. Beim Ausheben der beiden Gräben des Rondells von Friebritz mussten mindestens 6.000 Kubikmeter Erdmaterial bewegt werden. Diese Arbeit wurde mit primitiven Stein-, Knochen- oder Holzgeräten vorgenommen. Das Aushubmaterial dürfte vor dem äußeren und vor dem inneren Grabenring jeweils zu einem Wall aufgeschüttet worden sein. Zu den imposantesten doppelten Kreisgrabenanlagen zählt das größere von zwei Rondellen in Porrau[27]. Es hat einen äußeren Graben von 300 Meter und einen inneren von 190 Meter Durchmesser.

Die von drei Gräben umgebenen Kreisgrabenanlagen erreichten einen maximalen Durchmesser bis zu 150 Metern. Dies war beispielsweise in Immendorf[28] der Fall. Das von drei Gräben umrundete Rondell von Glaubendorf[29] brachte es auf 110 Meter Gesamtdurchmesser.

Die Errichtung derartiger Anlagen ist nur vorstellbar, wenn dahinter eine Idee stand, welche die damaligen Menschen zu begeistern vermochte. Da es sich hierbei offenbar um keine Siedlungen im Sinne einer Wallburg handelte, dürfte der Lohn für diese Anstrengungen im religiösen Bereich erhofft worden sein.

Schwierig ist die Deutung des Bildfrieses auf dem 38 Zentimeter hohen Kultgefäß von Strelice bei Jevisovice nördlich von Znojmo in Mähren (Tschechien). Es ist mit Tierprotomen sowie segnenden oder betenden Menschen geschmückt. Eine der Menschengestalten ist mit einer Art „Glockenrock" bekleidet und könnte nach Ansicht von Elisabeth Ruttkay eine Frau sein. Auch auf einem tönernen Deckel aus einer Ziegelei zwischen Landhausen und Obritzberg-Rust in Niederösterreich ist diese Rockart zu sehen. Zwischen den Menschendarstellungen von Strelice befindet

*Für die Niederösterreichische Landesausstellung 2005
am Heldenberg bei Wetzdorf
errichtete Rekonstruktion einer Kreisgrabenanlage
der Lengyel-Kultur.
Als Vorbild diente die Kreisgrabenanlage von Schletz
mit zwei Palisadenringen und einem Spitzgraben mit zwei Eingängen.
Eine solche Anlage konnte zur Zeit der Lengyel-Kultur
vermutlich neben den landwirtschaftlichen Verpflichtungen
von etwa 30 Arbeitern in zwei bis drei Jahren errichtet werden.
Foto: Wolfgang Glock (via Wikimedia Commons),
Lizenz: gemeinfrei (Public domain)*

Eingang der für die Niederösterreichische Landesausstellung 2005 am Heldenberg bei Wetzdorf errichteten Rekonstruktion einer Kreisgrabenanlage der Lengyel-Kultur.
Foto: Wolfgang Glock (via Wikimedia Commons), Lizenz: gemeinfrei (Public domain)

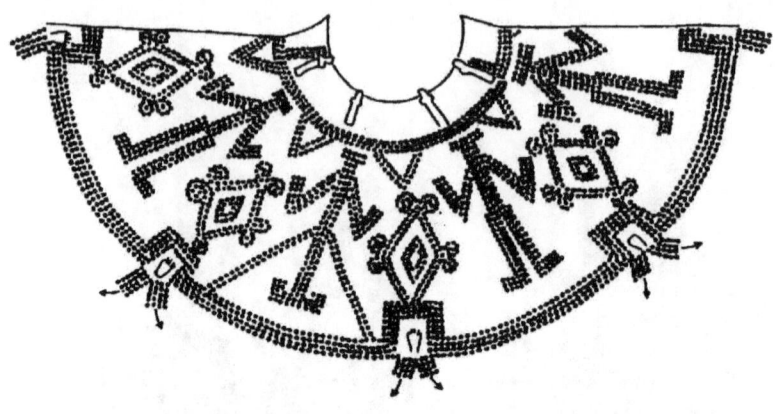

*Bildfries mit Darstellung segnender oder betender Menschen
auf dem 38 Zentimeter hohen Kultgefäß
der Lengyel-Kultur
von Strelice bei Jevisovice nördlich von Znojmo
in Mähren (Tschechien).*
*Bild: umgezeichnet nach Frantisek Vildomec (1878–1975):
Ein jungsteinzeitliches Gefäß mit eingestochenen Menschengestalten
und Tierplastiken
von Strelitz, Südmähren.
Wiener Prähistorische Zeitschrift 17, S. 1–6, Wien 1940*

*Kultgefäß der Lengyel-Kultur
von Strelice bei Jevisovice nördlich von Znojmo in Mähren (Tschechien).
Bild: umgezeichnet nach Frantisek Vildomec (1878–1975):
Ein jungsteinzeitliches Gefäß mit eingestochenen Menschengestalten
und Tierplastiken von Strelitz, Südmähren.
Wiener Prähistorische Zeitschrift 17, S. 1–6, Wien 1940*

sich viermal ein rautenförmiges Ideogramm mit Spiralen an den Winkeln.

Ein solches Ideogramm ist auch auf einem 11,9 Zentimeter langen Tonlöffel aus Wetzleinsdorf und einem Löffelbruchstück vom Schanzboden bei Falkenstein eingeritzt. An diesen beiden Fundorten in Niederösterreich sind befestigte Siedlungen der Lengyel-Kultur nachgewiesen Ersterer Löffel wurde 1996 zusammen mit einem Teil der Sammlung des Paläontologen Helmuth Zapfe (1913–1996) von der Prähistorischen Abteilung des Naturhistorischen Museums Wien erworben. Die Prähistorikerin Christine Neugebauer-Maresch verglich 1982 das Ideogramm des Löffelfragments vom Schanzboden mit frühen piktogrammartigen Symbolen des Balkans und deutete die Wichtigkeit der Vinca-Kultur (etwa 5.400–4.600 v. Chr.) in diesem Zusammenhang an.

Anmerkungen

1] Der Begriff Frosnitz-Kälteschwankung wurde 1972 durch den Innsbrucker Geographen und Meteorologen Gernot Patzelt eingeführt.
2] Die sieben Bestattungen auf der Antonshöhe von Mauer bei Wien wurden in den Jahren 1921 bis 1930 entdeckt. Im August 1924 kamen nach einer Sprengung im Gemeindesteinbruch die Skelettreste einer 25 bis 50 Jahre alten Frau (Grab 1) und eines 25 bis 30 Jahre alten Mannes (Grab 2) zum Vorschein. Diese Funde wurden dem Wiener Prähistoriker Josef Bayer (1882–1931) übergeben, der die Fundstelle besuchte. 1927 wurden Skelettreste einer 25 bis 30 Jahre alten Frau (Grab 3) geborgen. Im Januar 1929 wurden ein 9 bis 10 Jahre altes Kind und ein maximal ein halbes Jahr altes Kleinkind (beide Grab 4) geborgen. Von Juli 1929 bis November 1930 unternahm Bayer Ausgrabungen, bei denen 1929 eine 52 bis 55 Jahre alte Frau (Grab 5) und 1930 ein erwachsener Mann (Grab 6) gefunden wurden.
3] Der Hausgrundriss von Wetzleinsdorf wurde 1972 entdeckt. Bis 1978 leitete der Wiener Prähistoriker Stefan Nebehay die Ausgrabungen, ab 1979 der Wiener Prähistoriker Otto H. Urban.
4] Im Sommer 1931 meldete der Gutsbesitzer Karl Huthammer (1881–1946) aus Steinabrunn dem Niederösterreichischen Landesmuseum in Wien urgeschichtliche Funde, die er beim Pflügen ans Tageslicht gebracht hatte. Noch im selben Jahr untersuchte der Diplom-Ingenieur, Chemiker und Heimatforscher Kurt Hetzer (1897–1955) aus Stillfried die Fundstelle.
5] In Antau nahmen 1923 und 1926 der Zahnarzt und Konservator des Bundesdenkmalamtes in Wien für das Burgenland,

Fritz Hautmann (1890–1955) aus Wiener Neustadt, sowie der Oberst Franz Mühlhofer (1881–1955) aus Wiener Neustadt Ausgrabungen vor.
6] Der Begriff Typus Wölbling wurde 1979 durch die Wiener Prähistorikerin Elisabeth Ruttkay (1926–2009) eingeführt.
7] Der Name Typus Langenzersdorf-Wetzleinsdorf wurde 1978 von Elisabeth Ruttkay geprägt.
8] Der Begriff Typus Oberbergern wurde 1978 von Elisabeth Ruttkay vorgeschlagen.
9] Der Begriff Typus Wolfsbach wurde um 1930 durch Josef Bayer (s. Anm. 2) erstmalig verwendet.
10] Das Sauggefäß von Untermixnitz wurde 1977 von dem Landwirt Johann Achtsnit aus Untermixnitz gefunden.
11] Das Gräberfeld von Aszód wurde 1960 ausgegraben. Die Funde werden im Museum Aszód aufbewahrt.
12] Die Siedlung und das Gräberfeld von Zengövárkony wurden 1936/37, 1938/39, 1941, 1944 und 1947 bis 1949 durch das Museum Pecs ausgegraben.
13] In Kleinhadersdorf wurden 1925 zwei Körperbestattungen entdeckt. Im April 1931 grub Josef Bayer (s. Anm. 1) in Kleinhadersdorf, im August 1931 der Wiener Anthropologe Viktor Lebzelter (1889–1937). 1935 kamen in Kleinhadersdorf vier Körpergräber zum Vorschein .
14] Die Bestattungen von Eggenburg wurden 1932 entdeckt.
15] Die beiden Brandbestattungen von Langenzersdorf wurden 1944 beim Bau eines Luftschutzkellers gefunden. Die Gräber wurden durch den damals in Wien wirkenden deutschen Prähistoriker Christian Peschek (1912–2003) geborgen.
16] Die Doppelbestattung von Mödling (Flur Leinerinnen) wurde 1977 bei einer Ausgrabung langobardischer Gräber durch das Bezirksmuseum Mödling unter der Leitung des Prähistorikers Peter Stadler (seit 1984 am Naturhistorischen Museum Wien) gefunden.

17] Die Doppelbestattung eines Erwachsenen und eines etwa 17 Jahre alten Jugendlichen aus Ebelsberg wurde im Mai 1950 durch den Graphiker und Mitarbeiter des Oberösterreichischen Landesmuseums in Linz, Hans Pertlwieser (1905–1996), entdeckt.
18] Die Schädel und stark zertrümmerten Skelettreste von Langenlois wurden 1935 durch den Anthropologen Günter Zimmermann (1914–1979) aus Danzig beschrieben.
19] Anfang Juni 1955 stieß der Arbeiter Johann Peschek in Poigen bei Horn beim Abgraben einer Böschung für den Ausbau eines neuen Feldweges auf drei menschliche Schädel, die er versehentlich mit der Spitzhacke zerschlug. Er informierte das Höbarth-Museum der Stadt Horn über den Fund. Bei der Ausgrabung am nächsten Tag wurden zwei weitere Schädel entdeckt.
20] Die Skelettteile im Graben der Siedlung Eggenburg wurden 1938 gefunden. In Eggenburg waren bereits 1932 eine Körperbestattung und eine Brandbestattung durch die Leiterin des örtlichen Krahuletz-Museums, Angela Stifft-Gottlieb (1881–1949), ausgegraben worden.
21] Die beiden Bestattungen aus der Kreisgrabenanlage von Friebritz wurden 1979 bei Ausgrabungen des Wiener Prähistorikers Johannes-Wolfgang Neugebauer (1949–2002) geborgen.
22] Die Männerbestattung von Bisamberg wurde 1967 bei Ausschachtungsarbeiten entdeckt. Im April 1968 führte der Wiener Prähistoriker Clemens Eibner eine Nachuntersuchung der Grabgrube durch. 1933 hatte der Heimatforscher Ladislaus Kmoch (1897–1971) aus Bisamberg in etwa 15 bis 25 Meter Entfernung von dieser Fundstelle das Schädeldach eines Mädchens bzw. einer jungen Frau entdeckt.
23] Das Hundeopfer von Bernhardsthal wurde 1955 entdeckt

und 1974 von Elisabeth Ruttkay (s. Anm. 7) beschrieben .
24] Die Kreisgrabenanlage von Strögen wurde um 1960 entdeckt.
25] Die Kreisgrabenanlage von Kamegg wurde 1981 durch den Wiener Prähistoriker Gerhard Trnka untersucht.
26] Die Kreisgrabenanlage von Friebritz wurde im Herbst 1979 durch den Heimatforscher Josef Eder aus Hagenberg entdeckt. Er beobachtete an einer Stelle menschliche Schädelteile, außerdem fielen ihm zwei dunkle Ringe auf, von denen der größere einen Durchmesser von etwa 150 Metern hatte. Eder informierte den Mittelschulprofessor und Betreuer des Museums Laa an der Thaya, Alois Toriser. Durch letzteren und den Bezirksinspektor Legat vom Gendarmerieposten erfuhr die Abteilung für Bodendenkmale des Bundesdenkmalamtes in Wien von dieser Entdeckung. Am 10. November 1979 erfolgte die erste Bestandsaufnahme mit anschließender Fundbergung durch Johannes-Wolfgang Neugebauer (s. Anm. 21).
27] Die Kreisgrabenanlage in Porrau wurde 1981 entdeckt.
28] Die Kreisgrabenanlage in Immendorf wurde 1981 entdeckt.
29] Die Kreisgrabenanlage von Glaubendorf wurde Ende der 1970er Jahre entdeckt.

Literatur

BARB, Alfons A.: Geschichte der Altertumsforschung im Burgenland bis zum Jahre 1938. Wissenschaftliche Arbeiten aus dem Burgenland, Eisenstadt 1954.

BAUER, Kurt/ SPITZENBERGER, Friederike: Die Tierknochen aus dem neolithischen Hornsteinbergwerk von Mauer bei Wien. Mitteilungen der Anthropologischen Gesellschaft in Wien, S. 111–115, Wien 1970.

BENINGER, Eduard: Angela Stifft-Gottlieb (1881–1941). Wiener Prähistorische Zeitschrift, S. 156–158, Wien 1941.

BERG, Friedrich: Ein neolithisches Schädelnest aus Poigen, NÖ. Archaeologia Austriaca, S. 70–76, Wien 1956.

EHGARTNER, Wilhelm: Ein lengyelzeitlicher Glockenbecherschädel aus Eggenburg, NÖ. Mitteilungen der Anthropologischen Gesellschaft in Wien, S. 58–63, Horn 1956.

FILIP, Jan: Lengyler Kultur. In: Enzyklopädisches Handbuch zur Ur- und Frühgeschichte Europas, S. 698, Prag 1969.

FRIESINGER, Herwig: Univ.-Prof. Dr. Herbert Mitscha-Märheim † 1900–1976. Mitteilungen der Anthropologischen Gesellschaft in Wien, S. 198–299, Wien 1977.

HETZER, Kurt / PITTIONI, Richard: Vier Wohngruben der Lengyelkultur in Steinabrunn in Niederösterreich. Mitteilungen der Anthropologischen Gesellschaft in Wien, S. 66–73, Wien 1937.

JUNGWIRTH, Johann: Ein lengyelzeitliches Skelett aus Wetzleinsdorf, Niederösterreich. Mitteilungen der Anthropologischen Gesellschaft in Wien, S. 19–27, Wien 1975.

KAUS, Karl: Die Geschichte der archäologischen
Forschung. Siedlungsgeschichte. Sonderdruck. In:
Allgemeine Landestopographie des Burgenlandes III (Der
Verwaltungsbezirk Mattersburg). 1. Teilband: Allgemeiner
Teil, S. 37–56, Eisenstadt 1981.
KERN, Anton / ANTL-WEISER, Walpurga / STADLER,
Peter: Nachruf Dr. Elisabeth Ruttkay. Annalen des Naturhistorischen Museums Wien, 112, S. 55–66, Wien, Juni 2019.
KLOIBER, Ämilian: Eduard Beninger in und für Österreich. Jahrbuch des Oberösterreichischen Musealvereins,
S. 16–19, Linz 1961.
LADENBAUER-OREL, Hertha: Die neolithische
Frauenstatuette von Lang--Enzersdorf bei Wien.
Jahrbuch für prähistorische & ethnographische Kunst,
S. 7–15, Berlin 1959.
LEONHARD, Franz: Niederösterreichische Funde aus der
Zeit der neolithischen bemalten Keramik. Wiener
Prähistorische Zeitschrift, S. 1–9, Wien 1924.
MAURER, Hermann: Ein mittelneolithisches Sauggefäß aus
Untermixnitz, Niederösterreich. Archäologisches
Korrespondenzblatt, S. 9–11, Mainz 1978.
MENGHIN, Oswald: Urgeschichte Niederösterreichs.
Heimatkunde von Nieder--Oesterreich, S. 11, Wien, Leipzig,
Prag 1921.
NARR, Karl J.: Oswald Menghin. Prähistorische Zeitschrift,
S. 1–5, Berlin 1971.
NEUGEBAUER, Johannes-Wolfgang: Wehranlagen,
Wallburgen, Herrensitze und sonstige Befestigungen und
Grabhügel der Urzeit, des Mittelalters und der beginnenden
Neuzeit im pol-Bezirk Mistelbach. Veröffentlichungen der
Österreichischen Arbeitsgemeinschaft für Ur- und
Frühgeschichte, Wien 1979.

NEUGEBAUER, Johannes-Wolfgang: Mittelneolithische Kreisgrabenanlagen und Befestigungen in Niederösterreich. Vorträge des 4. Niederösterreichischen Archäologentages, o. J.
NEUGEBAUER, Johannes-Wolfgang / GATTRINGER, Alois: Die Kremser Schnellstraße S 33. Vorbericht über Probleme und Ergebnisse der archäologischen Überwachung des Großbauvorhabens durch die Abt. f. Bodendenkmale des Bundesdenkmalamtes. Fundberichte aus Österreich, S. 157–190, Wien 1982.
NEUGEBAUER, Johannes-Wolfgang / GATTRINGER, Alois: Die Kremser Schnellstraße S 33. Zweiter Vorbericht über die Ergebnisse der archäologischen Überwachung des Großbauvorhabens durch die Abt. f. Bodendenkmale des Bundesdenkmalamtes im Jahre 1982, Fundberichte aus Österreich, S. 63–95, Wien 1983.
NEUGEBAUER, Johannes-Wolfgang / GATTRINGER, Alois: Die Kremser Schnellstraße S 33 (Dritter Vorbericht). Fundberichte aus Österreich, S. 51–86, Wien 1984.
NEUGEBAUER, Johannes-Wolfgang / GATTRINGER, Alois: Rettungsgrabungen im unteren Traisental. Fundberichte aus Österreich, S. 97–128, Wien 1986.
NEUGEBAUER, Johannes-Wolfgang / GATTRINGER, Alois: Rettungsgrabungen im unteren Traisental in den Jahren 1985/86. Fundberichte aus Österreich, S. 71–105, Wien 1988.
NEUGEBAUER, Johannes-Wolfgang / NEUGEBAUER-MARESCH, Christine / WINKLER, Eike-Meinrad / WILFING, Harald: Die doppelte mittelneolithische Kreisgrabenanlage von Friebritz, NÖ. Fundberichte aus Österreich, S. 87–112, Wien 1984.
NEUGEBAUER-MARESCH, Christine /

NEUGEBAUER, Johannes-Wolfgang: Bericht über die Grabungen in den Befestigungsanlagen der Lengyelkultur auf dem sogenannten Schanzboden zu Falkenstein in Niederösterreich. Fundberichte aus Österreich, S. 151–156, Wien 1981.
NEUGEBAUER-MARESCH, Christine / NEUGEBAUER, Johannes-Wolfgang: 6000 Jahre Schanzboden. Bauern, Handwerker und Händler in der Steinzeitburg. Archäologische Sonderausstellung anläßlich der 400-Jahr-Feier der Markterhebung. Herausgegeben von der Stadt Poysdorf, Poysdorf 1982.
OHRENBERGER, Alois: Die Lengyel-Kultur im Burgenland. Studijne Zvesti, S. 301–314, Nitra 1969.
PUCHER, Erich: Jungsteinzeitliche Tierknochen vom Schanzboden bei Falkenstein (Niederösterreich). Annalen des Naturhistorischen Museums Wien, S. 137–176, Wien 1986.
RUTTKAY, Elisabeth: Das jungsteinzeitliche Hornsteinbergwerk mit Bestattung von der Antonshöhe bei Mauer (Wien XXIII). Mitteilungen der Anthropologischen Gesellschaft in Wien, S. 70–85, Wien 1970.
RUTTKAY, Elisabeth: Zusammenfassender Forschungsstand der Lengyel-Kultur in NÖ. Mitteilungen der österreichischen Arbeitsgemeinschaft für Ur- und Frühgeschichte, S. 211–216, Wien 1985/84.
RUTTKAY, Elisabeth: Ein Lengyel-Löffel mit Ideogramm aus Wetzleinsdorf, Niederösterreich. Sborník Prací Filozofické Fakulty Brnenské Univerzity (M), Rada Archeologická (M), 2, S. 49–64, 1997.
RUTTKAY, Elisabeth: Das Idol mit Vogelgesicht vom Höpfenbühel bei Melk – Beiträge zur jüngeren Lengyel-Kultur in Ostösterreich. Sborník Prací Filozofické Fakulty

Brnìnské Univerzity (M), Rada Archeologická (M), 4,
S. 103—118, 1999.
RUTTKAY, Elisabeth / TESCHLER-NICOLA, Maria:
Zwei Lengyel-Gräber aus Niederösterreich. Annalen des
Naturhistorischen Museums Wien, S. 211–235, Wien 1983.
SCHMID, Hans / SCHROM, Heinrich: Burgenländisches
Landesmuseum. Katalog der Schausammlung, Eisenstadt
1981.
SCHMIDT, Sabine: Zwei Brandgräber aus Langenzersdorf.
p. B. Korneuburg. NÖ. Archaeologia Austriaca, S. 4–10,
Wien 1964.
STROUHAL, Eugen / JUNGWIRTH, Johann: Die
menschlichen Skelette aus dem neolithischen Hornstein-
bergwerk von Mauer bei Wien. Mitteilungen der
Anthropologischen Gesellschaft in Wien, S. 85–110,
Wien 1970.
SZILVÁSSY, Johann: In memoriam Johann Jungwirth
(1909–1980). Mitteilungen der Anthropologischen
Gesellschaft in Wien, S. 94–98, Wien 1980.
TRNKA, Gerhard: Fenster zur Urzeit. Luftbildarchäologie
in Österreich. Katalog der Sonderausstellung im Museum
Asparn/Zaya 1982.
TRNKA, Gerhard: Studien zu mittelneolithischen
Kreisgrabenanlagen, 3 Bände. Habilitationsschrift,
Wien 1989.
URBAN, Otto H.: Lengyelzeitliche Grabfunde in
Niederösterreich und Burgenland. Mitteilungen der
österreichischen Arbeitsgemeinschaft für Ur- und
Frühgeschichte, S. 9–22, Wien 1979.
URBAN, Otto H.: Ein lengyelzeitliches Grab aus Bisamberg,
Niederösterreich. Archäologisches Korrespondenzblatt,
S. 377–383, Mainz 1979.

URBAN, Otto H.: Ein lengyelzeitlicher Hausgrundriß aus Wetzleinsdorf, Niederösterreich. Mitteilungen der Österreichischen Arbeitsgemeinschaft für Ur- und Frühgeschichte, S. 11–22, Wien 1980.
URBAN, Otto H.: Die lengyelzeitliche Grabenanlage von Wetzleinsdorf. Mitteilungen der Österreichischen Arbeitsgemeinschaft für Ur- und Frühgeschichte, S. 209–220, Wien 1983/84.
WIKIPEDIA (Online-Lexikon): Venus von Langenzersdorf https://wikipedia.org/wiki/Venus_von_Langenzersdorf
WOSINSKY, Mauritius: Das prähistorische Schanzwerk von Lengyel. Seine Erbauer und Bewohner, Budapest 1888.

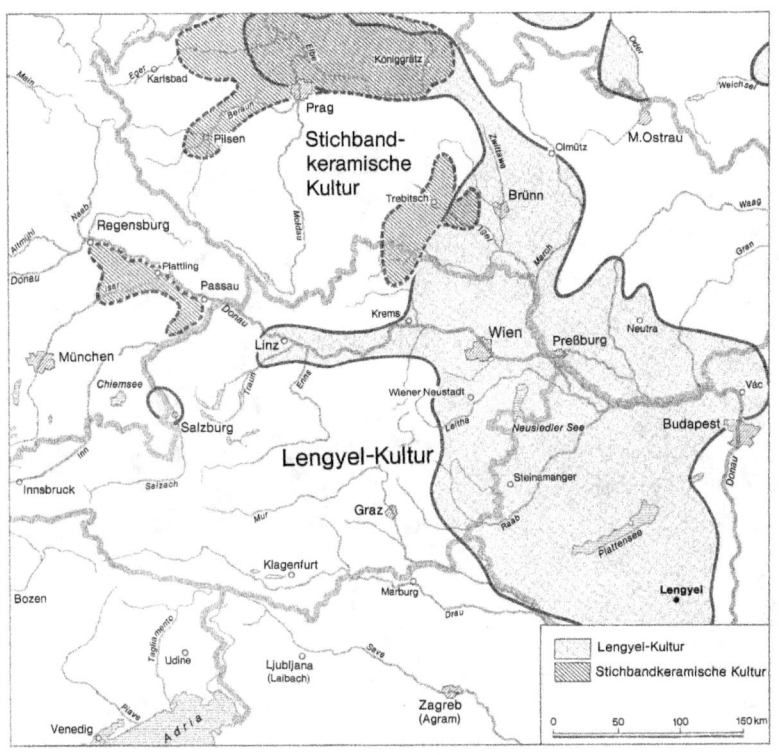

*Verbreeitung der Lengyel-Kultur
und der Stichbandkermaischen Kultur in Österreich.
Karte von Adolf Böhm
für das Buch „Deutschland in der Steinzeit" (1991)
von Ernst Probst*

Autor Ernst Probst.
Foto: Klaus Benz, Fotograf, Mainz-Laubenheim

Der Autor

Ernst Probst, geboren am 20. Januar 1946 in Neunburg vorm Wald im bayerischen Regierungsbezirk Oberpfalz, ist Journalist und Wissenschaftsautor. Er arbeitete von 1968 bis 1971 bei den „Nürnberger Nachrichten", von 1971 bis 1973 in der Zentralredaktion des „Ring Nordbayerischer Tageszeitungen" in Bayreuth und von 1973 bis 2001 bei der „Allgemeinen Zeitung", Mainz. In seiner Freizeit schrieb er Artikel für die „Frankfurter Allgemeine Zeitung", „Süddeutsche Zeitung", „Die Welt", „Frankfurter Rundschau", „Neue Zürcher Zeitung", „Tages-Anzeiger", Zürich, „Salzburger Nachrichten", „Die Zeit", „Rheinischer Merkur", „Deutsches Allgemeines Sonntagsblatt", „bild der wissenschaft", „kosmos", „Deutsche Presse-Agentur" (dpa), „Associated Press" (AP) und den „Deut-schen Forschungsdienst" (df). Aus seiner Feder stammen die Bücher „Deutschland in der Urzeit" (1986), „Deutschland in der Steinzeit" (1991), „Rekorde der Urzeit" (1992), „Dinosaurier in Deutschland" (1993 zusammen mit Raymund Windolf) und „Deutschland in der Bronzezeit" (1996). Von 2001 bis 2006 betätigte sich Ernst Probst als Buchverleger sowie zeitweise als internationaler Fossilienhändler und Antiquitätenhändler. Insgesamt veröffentlichte er mehr als 300 Bücher, Taschenbücher, Broschüren und über 300 E-Books.

Bücher von Ernst Probst
(Auswahl)

Als Mainz im Meer lag
Als Mainz noch nicht am Rhein lag
Christl-Marie Schultes. Die erste Fliegerin in Bayern (zusammen mit Theo Lederer)
Der Europäische Jaguar
Der Mosbacher Löwe. Die riesige Raubkatze aus Wiesbaden
Der Rhein-Elefant. Das Schreckenstier von Eppelsheim
Der Schwarze Peter. Ein Räuber im Hunsrück und Odenwald
Der Ur-Rhein. Rheinhessen vor zehn Millionen Jahren
Deutschland im Eiszeitalter
Deutschland in der Frühbronzezeit
Deutschland in der Mittelbronzezeit
Deutschland in der Spätbronzezeit
Die Aunjetitzer Kultur in Deutschland
Die Straubinger Kultur in Deutschland
Die Singener Gruppe
Die Arbon-Kultur in Deutschland
Die Ries-Gruppe und die Neckar-Gruppe
Die Adlerberg-Kultur
Der Sögel-Wohlde-Kreis
Die nordische Bronzezeit in Deutschland
Die Hügelgräber-Kultur in Deutschland
Die ältere Bronzezeit in Nordrhein-Westfalen
Die Bronzezeit in der Lüneburger Heide
Die Stader Gruppe
Die Oldenburg-emsländische Gruppe
Die Urnenfelder-Kultur in Deutschland
Die ältere Niederrheinische Grabhügel-Kultur

Die Unstrut-Gruppe
Die Helmsdorfer Gruppe
Die Saalemündungs-Gruppe
Die Lausitzer Kultur in Deutschland
Die Dolchzahnkatze Megantereon
Die Dolchzahnkatze Smilodon
Die Säbelzahnkatze Homotherium
Die Säbelzahnkatze Machairodus
Die Schweiz in der Frühbronzezeit
Die Rhône-Kultur in der Westschweiz
Die Arbon-Kultur in der Schweiz
Die Schweiz in der Mittelbronzezeit
Die Schweiz in der Spätbronzezeit
Dinosaurier von A bis K. Von Abelisaurus bis zu Kritosaurus
Dinosaurier von L bis Z. Von Labocania bis zu Zupaysaurus
Der rätselhafte Spinosaurus. Leben und Werk des Forschers Ernst Stromer von Reichenbach
Eiszeitliche Geparde in Deutschland
Eiszeitliche Leoparden in Deutschland
Frauen im Weltall
Hildegard von Bingen. Die deutsche Prophetin
Höhlenlöwen. Raubkatzen im Eiszeitalter
Julchen Blasius. Die Räuberbraut des Schinderhannes
Johann Jakob Kaup. Der große Naturforscher aus Darmstadt
Königinnen der Lüfte
Königinnen der Lüfte in Deutschland
Königinnen der Lüfte in Europa
Königinnen der Lüfte in Frankreich
Königinnen der Lüfte in England und Australien
Königinnen der Lüfte in Amerika
Königinnen der Lüfte von A bis Z
Königinnen des Tanzes

Malende Superfrauen
Meine Worte sind wie die Sterne Die Entstehung der Rede des Häuptlings Seattle (zusammen mit Sonja Probst, verheiratete Werner)
Monstern auf der Spur. Wie die Sagen über Drachen, Riesen und Einhörner entstanden
Neues vom Ur-Rhein. Interview mit dem Geologen und Paläontologen Dr. Jens Sommer
Österreich in der Frühbronzezeit
Österreich in der Mittelbronzezeit
Österreich in der Spätbronzezeit
Pompadour und Dubarry. Die Mätressen von Louis XV.
Raub-Dinosaurier von A bis Z. Mit Zeichnungen von Dmitry Bogdanav und Nobu Tamura
Rekorde der Urmenschen. Erfindungen, Kunst und Religion
Rekorde der Urzeit. Landschaften, Pflanzen und Tiere
Säbelzahnkatzen. Von Machairodus bis zu Smilodon
Säbelzahntiger am Ur-Rhein. Machairodus und Paramachairodus
Superfrauen aus dem Wilden Westen
Superfrauen 1 – Geschichte
Superfrauen 2 – Religion
Superfrauen 3 – Politik
Superfrauen 4 – Wirtschaft und Verkehr
Superfrauen 5 – Wissenschaft
Superfrauen 6 – Medizin
Superfrauen 7 – Film und Theater
Superfrauen 8 – Literatur
Superfrauen 9 – Malerei und Fotografie
Superfrauen 10 – Musik und Tanz
Superfrauen 11 – Feminismus und Familie
Superfrauen 12 – Sport

Superfrauen 13 – Mode und Kosmetik
Superfrauen 14 – Medien und Astrologie
Tony und Bruno Werntgen. Zwei Leben für die Luftfahrt
(zusammen mit Paul Wirtz)
Was ist ein Menhir? Interview mit dem Mainzer Archäologen Dr.
Detert Zylmann
Wer ist der kleinste Dinosaurier? Interviews mit dem
Wissenschaftsautor Ernst Probst
Wer war der Stammvater der Insekten? Interview mit dem
Stuttgarter Biologen und Paläontologen Dr. Günther Bechly
6000 Jahre Kastel. Von der Steinzeit bis zum 21. Jahrhundert
5000 Jahre Kostheim. Von der Steinzeit bis zum 21. Jahrhundert
Kastel in der Vorzeit. Von der Jungsteinzeit bis Christi Geburt
Kostheim in der Vorzeit. Von der Jungsteinzeit bis Christi Geburt
Wiesbaden in der Steinzeit
Anno 1.000.000. Deutschland in der älteren Altsteinzeit
Das Protoacheuléen. Eine Kulturstufe der Altsteinzeit vor
etwa 1,2 Millionen bis 600.000 Jahren
Das Altacheuléen. Eine Kulturstufe der Altsteinzeit vor etwa
600.000 bis 350.000 Jahren
Das Jungacheuléen. Eine Kulturstufe der Altsteinzeit vor
etwa 350.000 bis 150.000 Jahren
Das Spätacheuléen. Eine Kulturstufe der Altsteinzeit vor etwa
150.000 bis 100.000 Jahren
Das Steinzeit-Grab von Bonn-Oberkassel. Ein rätselhafter Fund
aus der Altsteinzeit
Das Moustérien. Die große Zeit der Neanderthaler
Das Aurignacien. Eine Kulturstufe der Altsteinzeit vor etwa
40.000 bis 31.000 Jahren
Das Gravettien. Eine Kulturstufe der Altsteinzeit vor etwa 35.000
bis 24.000 Jahren
Das Magdalénien. Eine Kultustufe der Altsteinzeit vor etwa

18.000 bis 12.000 Jahren
Die Hamburger Kultur. Eine Kulturstufe der Altsteinzeit vor etwa 15.700 bis 14.200 Jahren
Die Federmesser-Gruppe. Eine Kulturstufe der Altsteinzeit vor etwa 14.000 bis 12.800 Jahren
Das Steinzeit-Grab von Bonn-Oberkassel. Ein rätselhafter Fund aus der Zeit der Federmesser-Gruppen
Die Ahrensburger Kultur. Eine Kulturstufe der Altsteinzeit vor etwa 12.700 bis 11.650 Jahren
Die Altsteinzeit in Österreich. Jäger und Sammler vor 250.000 bis 10.000 Jahren
Das Jungacheuléen in Österreich
Das Moustérien in Österreich
Das Aurignacien in Österreich
Das Gravettien in Österreich
Das Magdalénien in Österreich
Das Magdalénien in der Schweiz
Die Mittelsteinzeit
Deutschland in der Mittelsteinzeit
Die Mittelsteinzeit in Baden-Württemberg
Die Mittelsteinzeit in Bayern
Die Mittelsteinzeit in Rheinland-Pfalz
Die Mittelsteinzeit in Hessen
Die Mittelsteinzeit in Nordrhein-Westfalen
Die Mittelsteinzeit in Niedersachsen
Die Mittelsteinzeit in Thüringen, Sachsen-Anhalt, Sachsen und im südlichen Brandenburg
Die Mittelsteinzeit in Schleswig-Holstein, Mecklenburg und im nördlichen Brandenburg
Die Jungsteinzeit. Eine Periode der Steinzeit vor etwa 5.500 bis 2.300 v. Chr.
Die ersten Bauern in Deutschland. Die Linienbandkeramische

Kultur (5.500 bis 4.900 v. Chr.)
Die Ertebölle-Ellerbek-Kultur. Eine Kultur der Jungsteinzeit vor etwa 5.000 bis 4.300 v. Chr.
Die Stichbandkeramik. Eine Kultur der Jungsteinzeit vor etwa 4.900 bis 4.500 v. Chr.
Die Oberlauterbacher Gruppe. Eine Kulturstufe der Jungsteinzeit vor etwa 4.900 bis 4.500 v. Chr.
Die Hinkelstein-Gruppe. Eine Kulturstufe der Jungsteinzeit vor etwa 4.900 bis 4.800 v. Chr.
Die Rössener Kultur. Eine Kultur der Jungsteinzeit vor etwa 4.600 bis 4.300 v. Chr.
Die Kupferzeit. Wie die ersten Metalle in Mitteleuropa bekannt wurden
Die Michelsberger Kultur. Eine Kultur der Jungsteinzeit vor etwa 4.300 bis 3.500 v. Chr.
Das Rätsel der Großsteingräber. Die nordwestdeutsche Trichterbecher-Kultur vor etwa 4.300 bis 3.000 v. Chr.
Die Baalberger Kultur. Eine Kultur der Jungsteinzeit vor etwa 4.300 bis 3.700 v. Chr.
Pfahlbauten in Süddeutschland. Dörfer der Jungsteinzeit und Bronzezeit an Seen, Mooren und Flüssen
Die Altheimer Kultur / Die Pollinger Gruppe. Zwei Kulturen der Jungsteinzeit vor etwa 3.900 bis 3.500 v. Chr.
Die Salzmünder Kultur. Eine Kultur der Jungsteinzeit vor etwa 3.700 bis 3.200 v. Chr.
Die Chamer Gruppe. Eine Kulturstufe der Jungsteinzeit vor etwa 3.500 bis 2.800 v. Chr.
Die Wartberg-Kultur. Eine Kultur der Jungsteinzeit vor etwa 3.500 bis 2.800 v. Chr.
Die Walternienburg-Bernburger Kultur. Eine Kultur der Jungsteinzeit vor etwa 3.200 bis 2.800 v. Chr.
Die Kugelamphoren-Kultur. Eine Kultur der Jungsteinzeit vor

etwa 3.100 bis 2.700 v. Chr.
Die Schnurkeramischen Kulturen. Kulturen der Jungsteinzeit von etwa 2.800 bis 2.400 v. Chr.
Die Einzelgrab-Kultur. Eine Kultur der Jungsteinzeit vor etwa 2.800 bis 2.300 v. Chr.
Die Schönfelder Kultur. Eine Kultur der Jungsteinzeit vor etwa 2.800 bis 2.200 v. Chr.
Die Glockenbecher-Kultur. Eine Kultur der Jungsteinzeit vor etwa 2.500 bis 2.200 v. Chr.
Die ersten Bauern in Österreich. Die Linienbandkeramische Kultur vor etwa 5.500 bis 4.900 v. Chr.
Die Lengyel-Kultur in Österreich. Eine Kultur der Jungsteinzeit vor etwa 4.900 bis 4.400 v. Chr.
Die Mondsee-Gruppe. Eine Kulturstufe der Jungsteinzeit vor etwa 3.700 bis 2.900 v. Chr.
Die Badener Kultur in Österreich. Eine Kultur der Jungsteinzeit vor etwa 3.600 bis 2.900 v. Chr.
Die ersten Pfahlbauten in der Schweiz. Die Anfänge der Pfahlbauforschung und die Egolzwiler Kultur
Die Cortaillod-Kultur. Eine Kultur der Jungsteinzeit vor etwa 4.000 bis 3.500 v. Chr.
Die Pfyner Kultur in der Schweiz. Eine Kultur der Jungsteinzeit vor etwa 4.000 bis 3.500 v. Chr.
Die Horgener Kultur in der Schweiz. Eine Kultur der Jungsteinzeit vor etwa 3.500 bis 2.800 v. Chr.
Die Schnurkeramiker in der Schweiz. Eine Kultur der Jungsteinzeit vor etwa 2.800 bis 2.400 v. Chr.

www.ingramcontent.com/pod-product-compliance
Lightning Source LLC
Chambersburg PA
CBHW070817220526
466CB00002B/695